本成果由北京师范大学民俗典籍文字研究中心资助出版

国家社会科学基金冷门绝学专项学术团队项目"中国训诂学的理论总结与现代转型"(20VJXT015)、国家社科基金重大项目"传统训诂学与现代阐释学会通研究"(24&ZD231)、教育部国家语委研究基地重点项目"部编本语文教材文言文词汇分级数据库建设与研究"(ZDI145-49)相关成果

藏在节气中的

汉字

凌丽君◎著

图书在版编目（CIP）数据

藏在节气中的汉字 / 凌丽君著. -- 重庆 : 重庆出版社, 2025. 2. -- ISBN 978-7-229-19879-4

Ⅰ. P462-49；H12-49

中国国家版本馆CIP数据核字第20251PU556号

藏在节气中的汉字
CANG ZAI JIEQI ZHONG DE HANZI

凌丽君　著

策　　划：林　郁
美术编辑：夏　添
责任编辑：杨秀英
责任校对：刘春莉　刘小燕
内文插画：三纹鱼呜吱吱
装帧设计：刘　尚

重庆出版集团 出版
重庆出版社

重庆市南岸区南滨路162号1幢　邮政编码：400061　http://www.cqph.com
重庆出版社艺术设计有限公司制版
重庆市国丰印务有限责任公司印刷
重庆出版集团图书发行有限公司发行
E-MAIL:fxchu@cqph.com　邮购电话：023-61520417
全国新华书店经销

开本：787mm×1092mm　1/32　印张：5.25　字数：100千字
2025年4月第1版　2025年4月第1次印刷
ISBN 978-7-229-19879-4

定价：46.00元

如有印装质量问题，请向本集团图书发行有限公司调换：023-61520417

版权所有　侵权必究

目录

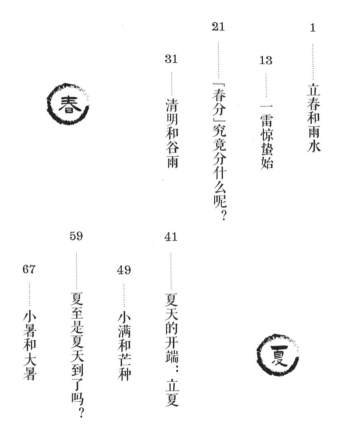

1 —— 立春和雨水

13 —— 一雷惊蛰始

21 —— 『春分』究竟分什么呢？

31 —— 清明和谷雨

41 —— 夏天的开端：立夏

49 —— 小满和芒种

59 —— 夏至是夏天到了吗？

67 —— 小暑和大暑

77 ——— 从立秋开始

85 ——— 处暑是暑气停留下来了吗？

93 ——— 带来凉意的白露

101 ——— 「秋分」分什么？

109 ——— 凄凄寒露零

117 ——— 从天而降的霜：霜降

125 ——— 冬天的开端：立冬

133 ——— 小雪和大雪

143 ——— 冬至是冬天到了吗？

151 ——— 小寒和大寒

立春和雨水

立(甲骨文)　　春(甲骨文)

春(甲骨文)　　雨(甲骨文)

现代社会还保留着很多古代文化。有些有具体的形态，如长城、颐和园等，我们称之为物质文化遗产；有些则没有具体的形态，比如一些口头语言、音乐艺术等，我们称之为非物质文化遗产。为了铭记各国、各民族的优秀文化，联合国教科文组织设立了文化遗产名录。2016年，中国的"二十四节气"被正式列入联合国教科文组织人类非物质文化遗产代表作名录。这是对中国传统文化再一次的高度肯定。现在，我们一起来了解二十四节气。

节气，是季节和气候的合称。一年十二个月，

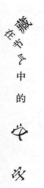

每月有两个节气,因此一共是二十四节气:

立春、雨水、惊蛰、春分、清明、谷雨、
立夏、小满、芒种、夏至、小暑、大暑、
立秋、处暑、白露、秋分、寒露、霜降、
立冬、小雪、大雪、冬至、小寒、大寒。

为了便于识记,人们编了很多首有关二十四节气的歌谣,比较有代表性的是"春雨惊春清谷天,夏满芒夏暑相连,秋处露秋寒霜降,冬雪雪冬小大寒"。这首歌谣很简短,只有四句,分别对应了春夏秋冬四季,每一句选择对应季节节气中的一个字,然后串联起来,比如"春雨惊春清谷天"对应的是立春、雨水、惊蛰、春分、清明、谷雨。我们只要背熟这四句话,就能快速记住二十四节气。二十四节气代表着中国古人对于气候、季节等的认识,其中有八个是表示季节的,分别是立春、春分、立夏、夏至、立秋、秋分、立冬、冬至，剩下的则表示气候变化。

中国古人为什么创立这二十四节气呢？这是因为古代是农耕社会，人们主要依靠种植庄稼生活。这就和天气有很大的关系，天气好，就会丰收；天气不好，那就可能颗粒无收，饭都吃不上，这就是俗话说的"看天吃饭"。因此，古人非常注重观察气候气象，慢慢摸索出这一自然规律，便创立了二十四节气，以此来指导农业生产。

一年之中的第一个节气是立春，差不多在阳历2月3—5日。"立"的甲骨文形体 🧍 就是一个人站立在地面的形象，因此"立"就有树立、确立的意思。立春，就是指春天这个季节确立了。换句话说，春天开始了。

古人对春天是一种什么样的认识呢？我们一起看看"春"字的写法吧。在很多汉字里，都隐藏着过去造字时人们的一些生活经验、文化心理等。

立春和雨水

"春"的古文字形体有多种写法,如 ✿ ✿,在这些字形中,有"草"(✿),有"木"(✿),有"日"(☉),还有"屯"(✿)。为什么这么造字呢?那就要想想,人们是怎么判断春天的到来的呢?

著名作家朱自清在他的《春》里是这么写的:

> 盼望着,盼望着,东风来了,春天的脚步近了。
>
> ……
>
> 小草偷偷地从土里钻出来,嫩嫩的,绿绿的。园子里,田野里,瞧去,一大片一大片满是的。坐着,躺着,打两个滚,踢几脚球,赛几趟跑,捉几回迷藏。风轻悄悄的,草软绵绵的。
>
> 桃树、杏树、梨树,你不让我,我不让你,都开满了花赶趟儿。

是啊，草木发芽、开花，这是春回大地最显著的信号。所以，聪明的古人同样用日、草、木来表示春天，意思再明显不过了。但是，还有一个"屯"字怎么解释呢？

"屯"的古文字形体 ↯ 像什么呢？其实，那一横代表地面，地面之下是根，地面之上是种子刚刚冒出来的细芽。所以，甲骨文的"春"合起来就像是在太阳的照耀下，嫩芽屯聚力量，钻出地面，慢慢长成小草或小树。所以，"春"字过去还写作"萅"，"艹"就代表草木，"屯"代表嫩芽，"日"就是太阳。不过，后来在书写的过程中，慢慢地，上面的"艹"和"屯"就黏合到一起，变成春字头"𡗗"。

现代有些人不知道春字头的来源，就把"春"说成是三个人在一起晒太阳，表示春天来了。这种解字方法不科学，它虽然能帮我们暂时记住"春"的写法，但也会留下很多问题。比如，"冬"字为什么不这么造字呢？冬天不是更需要晒太阳吗？另外，汉字中还有一些春字头的字，又该怎么解释呢？比如"秦"难道就是三个人拿着禾苗吗？"泰"是三个人在水里游泳吗？显然都不是。

从"春"的字形中，可以看到，无论是古人还是现代人，对春天都有相同的认知：天气渐渐变暖，地上的草木开始发芽开花，大地充满了生机。因此春天代表了希望与温暖，所以在汉语中，"春"字也常常象征美好与希望，如"一年之计在于春"，春天是一年中最宝贵的时间，只有在春天做好了计划，才会有希望。又如"青春"，这是人生中最美好的年轻时期，充满了生机，用绿色与春天来代表，同样说明春天给人带来希望。

春天到来的同时，也带来了丰富的食物，各种野菜、蔬菜，举不胜举。因此，过去立春时有一项非常重要的活动——咬春。春是咬不动的，咬的是春天的美味，也就是享用春盘。什么是春盘呢？盘中铺上一张薄饼，饼上面放入新鲜的时蔬，供人食用。这种吃法就像我们现在吃烤鸭一样，用一张薄饼把鸭肉、黄瓜、大葱等都卷到一起。当然，春盘中主要是蔬菜，而且在最初连蔬菜都是有讲究的，放的是一些辛辣味的菜，如韭菜、蒜、葱等。杜甫在《立春》诗中写道：

春日春盘细生菜，忽忆两京梅发时。
盘出高门行白玉，菜传纤手送青丝。

这是盛唐时期一幅栩栩如生的立春图，诗中的细生菜就是韭菜。为什么要吃这些辣辣的菜呢？有人说，这些菜都是辛菜，"辛"和"新"同音，因此就有迎新春之意。也有人说春天到来之时，阳气上升，气候变化，人容易生病，这些辛辣之菜有强身健体、预防生病的作用。春盘现在已经退出历史舞台了，接替它的是春卷，同样卷的是新鲜美味的蔬菜。

除了花草树木的发芽、生长，雨水也是春天到来的一个信号。"雨"的甲骨文形体 ⻗，一横代表天，下面细细的小点就是雨滴。春雨，不像夏天的阵雨那般猛烈突然，也不似秋雨的萧瑟阴凉。春天的雨是给人欣喜的，绵绵小雨，降落在大地上，带来的是一片生机。所以唐代诗人韩愈的诗句"天街小雨润如酥，草色遥看近却无"，将小雨比作油酥，滋润着大地。杜甫则在《春夜喜雨》中情不自禁地夸赞春雨的及时到来，"好雨知时节，当春乃发生。随风潜入夜，润物细无声"。两位诗人不约而同地用了一个动词"润"，来说明春雨对于万物的作用。

到了阳历2月18—20日，雨水慢慢就多起来了，因此就有了立春之后的第二个节气——雨水。雨水节气到来，正是农作物进入生长的重要节点。富有经验的农民会根据雨水节气的天气情况，判断这一年的收成，如果是雨天，那么"雨水有水，农家不缺米"。如果是晴天,那么这一年可能会"雨水无水多春旱"。

一年就这样在春天的绵绵细雨中开始了。

立春和雨水

一 雷惊蛰始

启（甲骨文）　　启（甲骨文）

在立春和雨水的节气中，我们通过"春"的古文字字形，可以看到古人对于春天的第一印象就是草木的发芽。草木萌芽，意味着生命的开始。而生命力的体现，则在于事物的萌动。所以，"春"的形象中就有了"动"的特点。

唐代诗人刘禹锡有一首很有名的诗《酬乐天扬州初逢席上见赠》。这首诗题目很长，其实理解了意思也很容易记住。"乐天"，就是我们非常熟悉的白居易；"扬州初逢"，是指两位大诗人曾相遇在扬州；"见赠"，是指白居易写了一首诗赠送给刘禹

一雷惊蛰始

锡。因此，刘禹锡也要回赠一首。古代就把这种以诗相答的方式称为"酬"。合起来的意思就是，我要写一首诗回赠给白居易，以回报他在扬州吃饭时赠送给我的诗歌。在这首诗里，刘禹锡写下了两句流传千古的诗句："沉舟侧畔千帆过，病树前头万木春。"已经下沉不动的船只，看着无数帆船从自己身边驶过；已经枯死的树木，看着周边的树木纷纷发芽成长。沉舟、病树都是静态的，而千帆、万木则是动态的。这种动态就在于它们还具有"动"的生命力。

因此，从"病树前头万木春"这句诗里，我们也可以体会出充满了生命活力的"春"意，带来的是万事万物勃发的生机。植物的动态在于发芽，而动物呢，则是从冬眠中苏醒过来，慢慢走出潜伏的状态。这样一个万物复苏的时节，古人就把它称为"惊蛰"。这是春天的第三个节气，一般在阳历的3月5—7日。

"蛰"指动物冬眠，伏藏起来不吃也不动。生物钻到土里冬眠过冬就叫"入蛰"。春天来了，动物们苏醒，古人认为它们是被雷震醒的，因此，就叫"惊蛰"。"惊蛰"最初也叫"启蛰"。"启"的甲骨文作 ，左边是一扇门，右边是一只手，合起来表示用手开门。因此"启"就有"开"的意思。我们过去常常用写信的方式联系，信封上一般都会写着"某某某（启）"，"某某某"就是收信人，"启"就是"开"，意思是由他打开信。现在我们开瓶子时用的工具叫"启子"，也是因为它能打开东西。"启"的甲骨文中还有增加"口"的形体 ，发展到现代汉字中，"手"的形体消失了，只剩了"口"和"户"，合起来就是"启"。汉字"户"就是门的意思，比如"门当户对"。"窗户"虽然指的只是窗子，但实际组词时因为门窗相关，因此把它加入进来，"户"也还是"门"的意思。

　　用"启蛰"这个名字命名，就好像是动物们苏

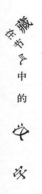

醒后,推开了自己家的门窗一样,是一种非常生动形象的比喻手法。后来为什么不用了呢?据说到了汉朝,有位皇帝叫刘启。在过去,皇帝的名字是不能直呼的,和它有关的事物只能改名。这是中国的避讳文化。"启蛰"因而改为"惊蛰",虽然到了后代,又一度恢复,但人们由于习惯,就一直将"惊蛰"沿用下来。

是什么惊醒了沉睡很久的动物们呢?原来是春雷。一雷惊蛰始,在古人的想象中,是天上的雷神手持铁锤,连续击打巨大的天鼓,因此发出轰隆隆的雷声。当然,这只是古人缺乏科学思考想象出来的一种解释。一般不是夏季才会有雷电吗,为什么春天也有呢?这是因为进入春季后,大地湿度逐渐升高,并且使地面热气上升,这样就和冷空气相遇,发生碰撞,从而产生了春天里的雷电。

听到春雷阵阵,也就意味着这个时候的阳气升腾了,容易让人口干舌燥。所以民间就有在惊蛰吃梨的习俗，因为梨有清热解渴的功能。可能你会说，我们现在每天都吃梨，在惊蛰吃又有什么特别的呢？其实，惊蛰吃梨，还因为"梨"的发音和"离"相同。我们的祖先认为"吃梨"寓意可以远离刚刚苏醒的害虫。有些地方还要吃炒豆，人们把用盐水浸泡过的黄豆放在锅中爆炒，发出噼噼啪啪的声音，象征蝎子、蜈蚣等害虫们在锅中受热煎熬时的蹦跳之声。这一风俗同样表达了对苏醒过来的害虫们的厌恶之心。

当然，雷声带来的更好的信号是耕种。较之绵绵的细雨，一场酣畅淋漓的雷雨，将土地彻底灌溉，坚硬的土块变软，最适合耕田犁地了，所以就有了"到了惊蛰节，锄头不停歇"的说法。唐代诗人韦应物也曾记录下惊蛰时节这一忙碌的景象，他在《观田家》中写道：

微雨众卉新，一雷惊蛰始。

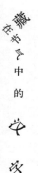

田家几日闲，耕种从此起。
丁壮俱在野，场圃亦就理。

雨后草木焕然一新，雷声阵阵，开启惊蛰时节。刚刚休息没几天的农民们，又开始在田地里忙碌了，尤其是那些青壮年，可是春田里的主力军啊！

春天就在这阵阵春雷中，步入最忙碌的时节。

『春分』究竟分什么呢？

分(甲骨文)　　班(金文)

八(小篆)　　半(小篆)

惊蛰过后便是春分,这是二十四节气中的第四个节气,在每年的阳历3月21日前后。在二十四节气中,有两个以"分"命名的节气,一是春分,二是秋分。这里的"分"是什么意思呢?

"分"字很早就产生了,甲骨文字形作 ⺍,由"八"( )( )和"刀"(⼑)组成。后来字形基本没有什么变化,一直保持下来。

刀是用来分解事物的,很多字形中含"刀",表示分解义。比如"解",字形由角、刀、牛三部分组成,表示用刀将牛角分解下来。又如"切",

「春分」究竟分什么呢?

这个字从"刀",左边是"七",表示声音。切东西,就是把一个整体的东西切成若干部分,也是一种分解。还有一些"刀",组合到汉字中,为了使汉字结构美观,有时形体就发生了变化。比如"割"中的"刂",实际也是"刀","割"同样具有用"刀"截断的意思。

要特别注意的是"班"这个字,它的现代字形几乎看不出和"刀"有什么关系。如果看看它的古文字,你会大吃一惊。它的金文字形作班,中间是一把刀,两边是串起来的玉。因此,"班"最初表示的就是把瑞玉分开,也有"分"的意思。李白有一首很有名的诗《送友人》,其中有两句"挥手自兹去,萧萧班马鸣"。这里的"班"正是"分开"的意思,"班马"指的是和其他马分开了的离群之马,因此会发出离别时的悲鸣声。理解了"班马"的得名根据,以后抄写这首诗时可不能写成"斑马"了。这么多从"刀"的字都与分开、分解的意思有关系，所以"分"字当然也与这个词义相关。

"分"中的"八"也是"分"的意思，不是我们现在的数字义。"八"的小篆)(，像两个事物相背分开的样子，因此表示"分开"。"八"作为分解、分开的意思，还体现在其他字的组合中。如"半"，现在字形看不出和"八"有什么关系，如果追溯到古文字，可以看到它的小篆作半，上面正是"八"，下面是"牛"。"牛"在过去表示大物，大的东西就能分，因此用表示分开的"八"和大物"牛"组合在一起，表示分的结果——一半，这就是"半"。

那么，为什么叫春分、秋分呢？是因为把春天、秋天分了一半吗？

这个问题，古人很早就作了解答。汉代有位哲学家董仲舒，写了一本很有名的书叫《春秋繁露》。在书中，他就指出了春分、秋分的得名来源。他

「春分」究竟分什么呢？

说，"春分者，阴阳相半也，故昼夜均而寒暑平""秋分者，阴阳相半也，故昼夜均而寒暑平"。什么意思呢？原来，春分、秋分的"分"，主要是因为这两个节气昼夜平分。也就是说，到了这几天，白天和夜晚的时间恰好相同，冷暖也合适，正是气候最适宜之时。所以，我们也常常把春分、秋分称为"日夜分"。当然，如果从时间上看的话，春分的确恰好在春季的一半，秋分也正好平分秋季。因此，春分、秋分的"分"其实有两个含义：一个是指它们将春季或秋季平分了；另一个则是指这两个节气的昼夜平分、冷暖平均。

在生活中，人们显然更看重后者。因此，在很多诗词中，我们看到了古人对于春分时节春意融融的赞美与惊叹，描写了一幅幅恬静、美好的生活和自然场景。就像我们唱的歌那样，"小燕子，穿花衣，年年春天来这里"。春分时节最明显的变化是燕子从南方飞回，开始辛勤地筑巢，准备孕育新的

生命。唐朝诗人杜甫就描绘了这么一幅别致的春景图:

迟日江山丽,春风花草香。
泥融飞燕子,沙暖睡鸳鸯。

这首《绝句》中的"迟日",是指过了冬天,春季的白天时间变得越来越长。泥土也随着春天的来临变得松软,燕子开始衔泥筑巢,暖和的沙滩上,睡着恩爱的鸳鸯。

在这样的春日中,人们则抓住最好的时机辛勤耕作。清代诗人宋琬的《春日田家》,带给我们的就是这样一幅清新、素淡的田园图,描写了普通农家在春分前后的生活场景:

野田黄雀自为群,山叟相过话旧闻。
夜半饭牛呼妇起,明朝种树是春分。

「春分」究竟分什么呢?

野地里到处都是勤于觅食的小黄雀，村里的老人们则在畅快地聊天。勤劳的人们晚上起来还要给牛加餐，好好地照顾它们，因为牛儿很快就要耕田犁地了。妇人们则被早早地叫起床，一切都在为种树作准备。这首诗的最后一句还告诉我们，春分时节是种树的最佳时机，因为此时气候宜人，适合万物生长。所以，我们现在就把3月12日定为植树节，恰好是在春分这段时间。

每一个节令日都有一些历史悠久的民俗活动，春分也不例外。在春分的传统习俗中，最有意思的就是"竖蛋"游戏。中国历来有"春分到，蛋儿俏"的古话，意思是春分时节鸡蛋最容易竖起来。人们一般挑选刚产下四五天、外形匀称的新鲜鸡蛋，尖的一头朝上，两手扶稳，然后慢慢放开，鸡蛋基本上就能立住了。为什么选择在春分这天玩竖蛋游戏呢？有人认为，因为这一天昼夜等长，事物都处于平衡状态，鸡蛋就能竖立起来。这个说法到底是不是真的呢？那就在春分那天试玩一下吧！

"春分"究竟分什么呢？

清明和谷雨

明（甲骨文）　　谷（甲骨文）

说起清明，大家第一时间想到的可能是扫墓。这是因为中国传统文化已经深入人心，尤其是唐代诗人杜牧的《清明》一诗——"清明时节雨纷纷，路上行人欲断魂。借问酒家何处有，牧童遥指杏花村"，几乎就为清明奠定了永恒的基调。清明代表着对祖先的追思与缅怀，这是它作为节日的一个重要目的。中国和邻国韩国都专门设立了清明节，中国一般在4月5日前后，韩国则以4月5日为清明节。

为什么选这个时间呢？原来清明有两重身份，

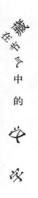

除了节日外,它还是二十四节气之一。节日和节气的区别在于,节日是生活中值得纪念的重要日子,清明节就是为了纪念祖先而设立的一个节日;节气则是根据自然节律变化而确立的特定日子,古代农耕社会的生产与大自然的天气息息相关,人们通过观察自然天象,制定出这些特殊的时间来指导农业生产。清明作为节气,大概在春分15天以后,在4月5日前后。清明节,顾名思义,是在清明节气期间的节日。

"清明"的得名,源于这一时节的天气物候。古人说,这个时候万物生长,天地间清洁而明亮,因此称之为清明。这种清洁明亮是一种什么样的风貌呢?这就需要我们借助汉字再去了解一下。

"清"字从水旁,它最初表示水的一种状态——清澈,没有污秽。所以在汉语中,"清"和"洁""澈""净"的意思相近,它们都表示干净,也经常联合组词,如清洁、清澈、清净。"明"字呢，它现在的字形是由日和月组成，是不是用这两种能够发亮发光或反光的事物代表光线充足呢？其实，在古文字中，"明"最初写作⦅田，左边是一轮弯弯的月亮，右边是窗户，像月光从窗户投射进来。这种意境，很容易让我们想起李白的《静夜思》："床前明月光，疑是地上霜。"月光照亮了黑夜，柔和而又明亮。后来，"明"字字形中像窗户的形体，慢慢发生变化，最终变成了"日"。不过，字义依然表示明亮。

水不清澈就是"浑""浊"，光线不亮就是"昏""暗"。从清、明两字的反义词中也能看到，清、明代表清澈、明朗。当然，它们不仅仅用来形容自然风貌，还可以表示人的神志清净明朗，甚至用来表示国家治理稳定。因此，我们也经常看到神志清明、政治清明这样的说法。

为什么清明时节这么美啊？因为彼时已经进入暮春，植物长出了嫩绿的叶子，百花悄然绽放，尤

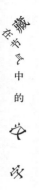

其是高大的梧桐树上，盛开着朵朵梧桐花。那就是唐代诗人元稹眼中的图画："清明来向晚，山渌正光华。杨柳先飞絮，梧桐续放花。"（《咏廿四气诗·清明三月节》）对于这样的自然风景，人们当然要好好欣赏与珍惜，踏青这一习俗也就自然而然地诞生了。所谓踏青，实际就是春日郊游。因为遍地是绿意，双脚所经之处必然会踩踏到青草，故而把清明时节的出游称为踏青。

人们沉醉在大自然所赐予的这份美好中，以至于在食物方面，都恨不得将这份春绿带到肚子里。所以在清明时节，江南一带有吃青团的习俗。青团是用各种麦草汁（或艾草）和糯米粉搅拌均匀，使青汁和糯米粉相互融合，再包裹进豆沙等馅料，放在锅上蒸熟。蒸熟的青团色泽鲜绿，清香扑鼻，吃起来糯软甘甜，实在是人间美味。

清明过后15天便是谷雨，这是春天的最后一个节气了。谷雨，可不是山谷中的雨。这里的

"谷"是粮食作物的意思。"谷"的古文字形〖图〗，字形上部的几条斜线表示水流，下面的"口"表示山口，合起来表示有水流涌出的山口，那就是山谷地带。成语"进退维谷"中的"谷"就是山谷之义，原本是指无论进还是退，最后都还是山谷，用来表示进退都是困境的意思。

　　真正表示粮食作物的"谷"字最初写作"穀"。这个字的左下方是个"禾"字，代表了它的意义，剩余字形"㱿"则表示它的声音。看上去是不是比较复杂，不好写？所以，后来为了书写方便，人们就用"谷"代替了"穀"。中国很早就有了各种粮食作物，古代有五谷或六谷的说法。《论语》中有句话，叫"四体不勤，五谷不分"。四体，就是四肢，指双手和双脚，五谷指的就是农作物。整句话是说一个人不参加劳动，不能辨别五谷，后来常常用这八个字说明人们脱离生产劳动，缺乏生产知识。

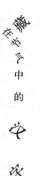

所以,"谷雨"是"雨生百谷"之意。可见这个时节雨水非常充沛,因为对于植物而言,最好的生长条件之一是有充足的水分。在古代诗人的笔下,谷雨总是一副烟雨蒙蒙的样子。难得遇到晴朗的天气,那就是一种惊喜。

谷雨时节最浪漫的事便是观赏牡丹。中国有句俗话:"谷雨三朝看牡丹,立夏三朝看芍药。"三朝,就是三天。意思是谷雨过后三天,正是牡丹正当时;立夏过后三天,则是芍药盛开之际。唐代诗人王贞白曾经写过一首名为《白牡丹》的诗,前四句是这样写的:

谷雨洗纤素,裁为白牡丹。
异香开玉合,轻粉泥银盘。

在诗人的想象中,谷雨时节的春雨将白色的绢帛洗得更加洁白,然后把它裁剪成一朵朵素雅的白牡丹。浓郁的香气，就像打开了盛香的玉盒。洁白的颜色，就像白粉抹在银盘上一样。正是这特殊的开花时节，牡丹花又获得了一个独特的名称——"谷雨花"，据说它是花卉中唯一用节气命名的。

谷雨有"北吃香椿南喝茶"的习俗。香椿是北方春天的一道美味佳肴，民间有"三月八，吃春芽儿"的说法。谷雨时节的香椿嫩芽，醇香爽口，味道极佳。而南方则会在谷雨天喝谷雨茶。这个时候的茶叶肥硕、色泽嫩绿、气味清香，喝起来清甜甘口，据说还有清火、明目的效果。所以，我们经常会看到一些古诗写喝茶，喝的就是谷雨茶。比如宋代诗人黄庭坚的一首七言绝句：

落絮游丝三月候，风吹雨洗一城花。
未知东郭清明酒，何似西窗谷雨茶。

暮春三月时节，柳絮飘落，蛛丝游动。风吹雨

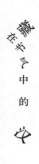

打,将满城的花儿吹落。不知道是在东城外共饮清明酒好呢,还是在西窗下共饮谷雨茶好呢?

随着清明、谷雨的脚步声渐渐远去,我们就要跟春天说声再见了,即将登场的就是夏天的节气。

夏天的开端:立夏

夏(甲骨文)　　夏(金文)　　夏(小篆)

在二十四节气中，以"立"字命名的节气，往往意味着某个季节的开始。立夏代表了夏季的开端，它一般在阳历5月5—7日。

前面我们在讲春季的节气时，讲到"春"字的字形中，寄托着古人对于春天草木发芽生长的认识。和"春"有所不同的是，"夏"字的古文字形最初和季节义没有任何关系。从甲骨文到小篆，"夏"的古文字形都像一个人的形象。甲骨文像一个跪坐的人形，上半部分是头部。到了金文，字形还增加了手和脚，合起来像一个有头、有身

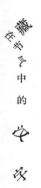

躯、有手、有脚的人。小篆 🗲 和金文字形差不多，不过仔细观察一下，可以发现它的字形更加规矩，由 🗲、🗲、🗲 组成。🗲 代表脚。🗲 就是后来的简化字"页"，它在最初表示"头"，可不是一页、两页的意思。所以我们的汉字中，有一些从"页"的字和头部有关系，比如"顶"是头顶，"颊"是脸颊，"颌"是下巴，而"颈"则是连接着头和身体的脖子。🗲 像两只手，现代汉字写成"臼"，比如"盥"字上部分就是两只手，中间有水，像水从两手中间流过，最后流到下面承接的器皿里，这是古人的一种洗手方式。所以"盥"就是"洗手"，我们现在有些地方，就把洗手间称为盥洗室。

无论是古文字的哪个阶段，"夏"的字形都很鲜明地体现出"人"的意思。后来汉字慢慢发生了变化，"夏"的字形只保留了头部和脚，这就是我们现在的"夏"字。原本表示"人"的"夏"，后来为什么表示季节呢？这就要说起"夏"这种人，他可不是一般的人，而是专指生活在中原的人。中国历史上第一个朝代之所以称为"夏朝"，是因为统治者是夏人。中华文化起源于中原黄河流域，在我们的汉语中，常常用"华夏"来称呼中国，是因为"夏"代表了中原地区，代表了中国文明的起源。

在我们祖先的心目中，中原之外的其他地区的文化被视为外来文化。相比之下，中原文化是最发达的，因此代表中原人的"夏"就有了"大"的含义。"夏"字后来之所以有季节的意思，就和"大"义相关。清朝有位叫朱骏声的学者，他说："夏，大也。至此之时，物已长大，故以为名。"意思是说，春天是草木发芽的季节，而到了夏季，草木长大、欣欣向荣，因此就用表示"大"的"夏"为这个季节命名了。

植物之所以生长旺盛，是因为从立夏开始，气温慢慢上升。在宋代诗人陆游的《立夏》诗中，我们可以感受到这一点：

> 赤帜插城扉，东君整驾归。
> 泥新巢燕闹，花尽蜜蜂稀。
> 槐柳阴初密，帘栊暑尚微。
> 日斜汤沐罢，熟练试单衣。

诗人用神话的思维告诉我们，当城门插上红色旗帜之时，掌管春天的神灵——东君备好车马，准备离开大地了。这时的燕子已经筑好泥巢，叽叽喳喳地叫着。春花则慢慢开尽，蜜蜂都跟着变少了。槐树和柳树之间的树荫开始变得浓密，只有少量的暑气能够通过窗帘进入室内，让人感受到夏天的气息。夕阳下山时，诗人沐浴之后，换上了单薄的衣服，以迎接炎炎夏日。

伴随着气温的变化，地面开始爬出很多蚯蚓，因为它们也喜欢温暖的天气。地里的庄稼则进入生长后期，油菜花接近成熟，冬小麦开始开花，正如农谚所说"立夏麦龇牙，一月就要拔"。同时，大江南北正是插秧的火热季节,"多插立夏秧,谷子收满仓"。这一切都得益于立夏时节的气温、光照,农作物的丰收与此密切相关。

对于人类而言,进入夏季以后,人的身体容易出现困乏、食欲消退的状况,古人称之为"病暑""苦夏"。为了预防这种情况,民间产生了很多民俗活动。比如"秤人",据说立夏这天称了体重,就会不怕炎热,也不会消瘦,可以避免生病。对于小朋友来说,立夏日最有意思的民俗活动莫过于"斗蛋",每个人拿着煮熟的鸡蛋,相互碰撞,谁的蛋壳碎了,谁就输了。民间认为儿童立夏斗蛋,可以预防苦夏等病。有些地方对这种习俗特别讲究,斗蛋游戏的规则也很细致,鸡蛋分两端,尖的部分是头,圆的部分是尾。一般用蛋头击蛋头,蛋尾击蛋尾。

春分立蛋,立夏斗蛋,可见,蛋在中国人的民俗活动中,真是有着别样的精彩啊!

小满和芒种

满（小篆）　　芒（小篆）

汉语中有个很有趣的命名方式，就是常用"小/大"来命名一组相关的事物，比如人物关系是兄弟姐妹的，年幼的称"小"，年长的则称"大"。中国作家张天翼先生有一部著名的童话著作《大林和小林》，从书名就能判断是两兄弟的故事。中国古代有两位整理研究《说文解字》这部书的学者，哥哥徐铉被称为"大徐"，弟弟徐锴则被称为"小徐"。后来他们整理的《说文解字》，就分别被命名为大徐本、小徐本。

二十四节气中，用"小/大"命名的节气也不少，比如小暑/大暑、小寒/大寒、小雪/大雪，唯有小满这个节气，没有对应的"大满"。那么，作为夏季第二个节气的小满，它的命名含义是什么呢？

"满"字是个形声字，从水，㒼（mǎn）声。它和"瞒""螨"都有相同的声符，因此这些字的读音也相近。"满"最初表示的是水满了，后来就指饱满义。"小"则表示程度，正如"小瞧""小看"一样，表示对别人的重视程度不够。合起来，"小满"指的是一种慢慢具备的饱满程度，但还没到最高程度。那么，是什么饱满了呢？

关于这一点，民间有不同的说法。这主要与小满时节中国南北两地的气候差异有关。这个时节，南方降雨多、雨量大，因此民间有"小满小满，江河渐满"的说法，认为小满的得名和江河渐满有关。但北方降雨少，所以这里的"满"是指农作物颗粒的饱满程度，因此又有"小满小满，麦粒渐满"的说法。

从谷物的角度看,北方夏熟作物的籽粒开始慢慢饱满,但还没有完全成熟,因而称为"小满",但农作物总归有一天会完全成熟,为什么没有"大满"一说呢?有人认为这可能跟中国文化有关。在古人对事物的观察中,他们发现过满往往会带来亏损,比如水满就会流溢,月亮圆满就会亏缺,变成月牙。在我们的古书《尚书》中,就有"满招损,谦受益"的说法,意思是骄傲的人一定会招来失败,谦虚的人则会获得益处,以此告诫做人不能太自满。所以,"满"在中国文化中就有"骄傲"的意味,不敢太过自满,因此在节气命名中没有"大满"。

宋代著名的文学家欧阳修有一首《小满》诗,据说这是五言绝句中描写小满节令最好的一首。诗中描绘了这样的风景:

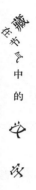

夜莺啼绿柳,皓月醒长空。

最爱垄头麦,迎风笑落红。

小满时节,夜莺在茂密的柳树枝头啼鸣,明月挂在天上,照亮夜空。这个时节诗人最爱看的是田垄前的麦子,它们在风中轻轻摇曳,微笑地看着飘落在地的花瓣。诗人用拟人的手法,形象生动地写出了小满时节百花渐落,麦子茁壮成长的景象。

小满过后便是芒种,一般在每年阳历的6月5—7日。芒字由"艹"和"亡"两部分组成。"亡"是它的声符,提示读音,正如"忙""盲"这些字中的"亡"一样。可能你会说,"亡"和"芒"的发音不相同啊。我们这里说的语音相同,指的是过去造字时代的语音相同。因为语言都会发展演变,慢慢地,"亡"和"芒""忙""盲"这些字的语音就有了差别。

"芒"字从"艹",所以它的意义和植物有关,最初指草本植物种子外壳上的细刺，比如麦芒就是麦粒外面的细细的针状物。后来"芒"还表示其他尖细的芒状物，如针芒，就是针尖；锋芒，就是刀剑的尖端，后来也比喻人的锐气。节气是和农业相关的，作为二十四节气之一的"芒种"中的"芒"，它指的是一些有芒的农作物，如麦子、水稻等。

"种"是个多音字，如果读作 zhǒng，"芒种"指有芒的谷物，"种"作"种子"讲。如果读作 zhòng，"芒种"指种植稻、麦这些有芒的农作物，"种"作"种植"讲。作为节气名的"芒种"，有个谐音叫"忙种"，意思是这段时间要忙于种植。正如古人所言："五月节（芒种），谓有芒之种谷可稼种矣。"从这些信息中，我们可以推测作为节气的"芒种"读作 zhòng。芒种时节，恰好麦子成熟，同时又要开始播种新一轮的稻谷等农作物，因此得名，正如农谚所说"芒种忙两头，忙收又忙种"。

陆游在《时雨》诗中也给我们描绘了这样的农

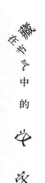

忙场景：

> 时雨及芒种，四野皆插秧。
> 家家麦饭美，处处菱歌长。

南方芒种时节恰好是连日下雨之时，乡人们都抓紧时间在田野中插秧。新收麦子所做的饭清香美味，耳边不时传来农作时的民歌。

芒种时节气温显著升高、雨量充沛，最适合农作物的播种和移栽，一旦过了这个时间，之后播种就很难成活，这就是民间所说的"芒种不种，过后落空"。对于南方而言，也意味着梅雨季节的到来。此时正值梅子成熟，阴雨连绵，因此被称为"梅雨"。要特别注意的是，这里的梅子可不是我们现在夏季吃的杨梅。成熟的杨梅是紫色的，而梅子一般是由青变黄，故而有青梅、黄梅之说。因为这特殊的时节，既是梅季，也是雨季，所以古诗词中往往一写梅子,就会写天气情况。

比如宋代赵师秀的《约客》:

黄梅时节家家雨,青草池塘处处蛙。
有约不来过夜半,闲敲棋子落灯花。

梅子成熟时,颜色变黄,因此称为黄梅。这个时节天天下雨,长满青草的池塘边,传来阵阵青蛙声。已经半夜了,还没见到约好的客人。闲来无事,轻轻敲打棋子,看着灯花一朵朵落下来。这是一幅非常恬静的夏夜图,你似乎能听到雨声、蛙叫声。

反之,黄梅季节,如果是晴朗的天气,也会被诗人记录在笔下。比如宋代曾几的《三衢道中》:

梅子黄时日日晴,小溪泛尽却山行。
绿阴不减来时路,添得黄鹂四五声。

梅子成熟时，竟然每天都是晴天。乘船到了小溪的尽头，又走山路前行。道路两边绿树成荫，和来时一样浓密，而且增添了几声黄鹂的清叫。在这首诗中，首句就让我们读到一种意外的惊喜，没想到黄梅季节也有晴朗之时。整首诗自然明快，富有生趣。

芒种时节是梅子收获的季节，因此民间便有煮青梅的食俗。其实也是因为新鲜梅子大多味道酸涩，难以直接入口，因此人们将新梅洗净后烹煮，或加糖，或加盐。煮熟后的梅子可以作为食物的佐料，比如日式料理中的梅子饭，也可以在里面加入甘草、山楂、冰糖等一起煮，制成夏天广受欢迎的饮品——酸梅汤。

芒种在6月初，这时百花大多已飘落，因此各地又有送花神的习俗。我国四大名著之一的《红楼梦》记录了这一习俗。女孩子们用花瓣柳枝编成轿马，用彩线系在树上或花枝上，感激花神带来的美，盼望来年再相会。

夏至是夏天到了吗?

至（甲骨文）　　矢（甲骨文）

夏至是夏季的第四个节气，一般在阳历6月21—22日前后。它也是我国古人最早确定的节气之一。据说在很早的古书《尚书》中就记录了"仲春""仲夏""仲秋""仲冬"，对应的就是春分、夏至、秋分、冬至这四个节气。

那么，"夏至"是什么意思呢？这个问题取决于"至"怎么理解。

"至"的甲骨文写作 ，看上去像什么呢？字形的上半部分其实是一支倒立着的箭，在古代汉语中，"箭"被称为"矢"，"矢"的古文字就写作

夏至是夏天到了吗？

↑。一横表示地面,合起来就像射来的箭落到地面上,以此表示"到达"的意思。汉字"到"就由"至"和"刂(刀)"组成,其中"刂(刀)"表示"到"的声音,真正表达意义的是"至",所以"至""到"意思相同。成语"不期而至"中的"至"就是到的意思,指没有约定而意外到来。

知道了"至"有"到达"义,还可以区分一些容易混淆的词。比如"以至"和"以致"。因为"至"表示"到",所以"以至"可以理解为"直到",表示到达的范围、程度,比如"他看一遍不懂,就看两遍、三遍以至十几遍,终于把意思彻底弄明白了"。"以至"有时也用来表示程度加深等造成的结果,如"他看书看入了迷,以至忘了吃饭"。这个用法和"以致"非常相似,大家经常用错。在它们都表示某种结果时,因为"以致"是从而招致之意,因此它的结果往往是不好的,比如"他没有听老师的指导,以致腿受了伤,在床上躺了好几个月"。

既然"至"表示"到",作为节气名的"夏至",是不是表示夏天到了呢?如果是这样的话,那就和"立夏"重复了。在前面我们讲过"立夏"表示夏天到来,那么,"夏至"中的"至"表示什么意思呢?"至"由到达义,又发展出极、非常的意思。比如成语"如获至宝",好像获得了非常珍贵的宝物,"至宝"就是非常珍贵的宝物,以此形容对所获得的东西非常喜欢。又如"至高无上",至高就是最高,意思是高到顶点,再也没有更高的了,以此形容地位很高。

所以,"夏至"表示夏天的极致。不过,这种极致并不是指天气最热,而是体现在白天和夜晚的时间上。这一天,太阳直射北回归线,北半球的白天时间最长,夜晚最短。我国最北端的黑龙江漠河在夏至日,白天可长达20小时左右,被称为"不夜城"。过了夏至,白天就会逐渐缩短,所以民间

夏至是夏天到了吗?

有句俗话:"吃过夏至面,一天短一线。"

古人也很早就发现了夏至的这种自然特点,不过他们是从影子角度观察到的。在唐代诗人韦应物的诗歌《夏至避暑北池》中,诗人就写道,"昼晷已云极,宵漏自此长"。晷是测量日影的工具,昼晷指太阳的影子。在夏至这一天,白天时间最长,正中午的影子最短,因此诗人说"昼晷已云极",日影达到了极致——全年最短。"漏"是漏壶,古代用来计算时间的一种工具。"宵漏"合起来指夜晚,从此夜晚就开始变长了。

夏至过后,气温会持续升高,真正进入火辣辣的夏天了。这就是民间所说的"夏至不过不热"。为什么白天时间越来越短后,反而更热了呢?这是因为太阳照射到地面产生的热量仍比地面向空中散发的多。为了迎接这即将到来的暑热天气,在古代夏至日,妇女们会互相赠送折扇、脂粉等。"扇"用来驱赶炎热,"脂粉"可不是为了打扮漂亮,它就类似我们现代人的痱子粉，可以用来防止生痱子。现代人呢，则是吃上一碗凉面，降降火气。不过，中国地大物博，各个地方的饮食风俗差别很大。北京人在夏至这天讲究吃面，而在南方有些地方则是吃馄饨或饼。

伴随着夏至的到来，我们的耳边也传来了知了的鸣叫声。这是夏至最明显的自然特征之一。白居易在他的《思归》（节选）中写道：

夏至一阴生，稍稍夕漏迟。
块然抱愁者，夜长独先知。
悠悠乡关路，梦去身不随。
坐惜时节变，蝉鸣槐花枝。

诗中的"愁""独""悠悠"都让这首诗蒙上了一层感伤的色彩，因为它寄托了诗人对家人的思念之情。不过借着白居易的诗，我们也可以看到唐朝

时期人们眼中的夏至:在盛开的槐花丛中,知了欢快地鸣叫着。"知了"最早其实被称作"蜩",后来又改为"蝉",现代人则根据它的叫声命名为"知了",它好像在树上一直叫着"知了""知了"。

在这阵阵欢快的蝉鸣声中,我们就慢慢进入了夏天炎热的时段。

小暑和大暑

热(小篆)　　伏(金文)　　鉴(金文)

在介绍小满这个节气时，我们曾讲过用"小/大"命名，一般表示程度。"小"表示程度轻，"大"则表示程度重。因此，小暑、大暑这两个节气，顾名思义，都和炎热有关。不过，小暑只是"小热"，代表着炎热的开端，而大暑才是"大热"，一年中最热的时候。

小暑、大暑是夏季六个节气中的最后两个，分别在7月初和7月末。可能有人会想，既然表示炎热，为什么古人命名时不叫"小热""大热"呢？这就涉及汉字的发展历史了。从"热"和"暑"在最初造字时的不同,就可以看到古人对它们的认识区别。

"热"的小篆写作**热**,字形下半部分是"火",发展到现代汉字中,就成为"灬"。所以,从"灬"的一些汉字都与"火"的意义相关,比如火可以把生的东西变成熟的,因此"煮""烹""煎"这些表示烹饪的汉字从"灬";火会把东西烧黑、烧焦,所以"黑""焦"的字形中也有"灬"。"蒸"字最初写作"烝",上面"丞"表示读音,下面四点是火,表示蒸气上升。而"暑"的字形从"日","日"表示太阳。所以,从"日"的汉字一般与太阳相关。太阳可以带来亮度的变化:如"明""暗";可以带来时间的变化:如"早""晚""昏""昨""旦";可以带来天气的变化:如"晴"。

夏天的炎热,是因为太阳所带来的热量,而不是火。因此,表示自然气候的这种"热"就用"暑"命名。另外,"暑"的读音和"煮"相近,这说明在造字时，人们认为盛夏的炎热，就像食物在水中煮一样，又湿又热。所以，"暑"常常用来表示季节的热，中暑、暑假、避暑等词中的"暑"，都专指夏天。

小暑是小热，人们还能通过习习凉风加以缓解。宋人秦观在他的《纳凉》诗中就写道：

携杖来追柳外凉，画桥南畔倚胡床。
月明船笛参差起，风定池莲自在香。

月明之夜，诗人拄着手杖出门，来到柳树下乘凉。在画桥南畔，诗人靠着胡床，听着河面船只上传来的笛声。晚风初定，池中的莲花自在地盛开，飘来阵阵香气。这是一幅相当惬意的乘凉图。但到了大暑，热气却把万事万物熏得无精打采。同样是荷花，小暑时还能自在地盛开，到了大暑却热得都垂下了头。这样的场景，就收录在我们非常熟悉的

诗人杨万里的《暮热游荷花池》中：

细草摇头忽报侬，披襟拦得一西风。
荷花入暮犹愁热，低面深藏碧伞中。

纤细的小草微微摇头，似乎在告诉我风来了。我赶紧敞开衣衫，试图将这西风拦住。虽然已经到了晚上，但荷花好像还在害怕那热气，低头躲在碧绿的荷叶中，不愿意露面。

俗话说"热在三伏"，小暑正是进入伏天的开始。为什么炎热的日子被称为伏天呢？从"伏"字的字形看，它的金文写作 ，字形左上方的 是人，右下方的 是狗，整体字形像狗趴在人后面，所以"伏"就有埋伏、藏起来的意思。因此，一种说法认为伏日，就是指人们应当减少外出，躲在家里避暑的时间。

也有说法认为，伏日的命名和古代社会的民俗相关。中国著名的文字训诂学家陆宗达先生就研究过这个问题，他认为伏日得名于"伏祭"，这种祭祀要杀狗。杀狗为什么叫"伏"呢？这可不是因为它的字形中有个"犬"字。事实上，这里的"伏"是个错别字。在日常生活中，我们是不是有时也会写错误的同音字？比如"负责"，你可能写成了"付责"，古人在抄书时也会这样。真正表示杀狗祭祀的字其实应该是"副"，但却写成了"伏"，不过那时将错就错，就这样固定下来了。

"副"早期写作"畐"，这个字形的结构和"班"很相似，"班"的中间是刀，两边是玉，表示用刀把玉一分为二。"畐"字两边的"畐"只表示声音，相同的是中间的刀。后来字形简化，写作"副"。它最初也是指用刀把东西一分为二，因此有分解的意思。因为一分为二，所以反过来又可以"合二为一"，汉语中很多成双成对的东西，用"副"来表示，比如一副筷子、一副手套、一副对联等。现在有些方言中，还把杀猪称为"副猪"，杀鸡称为"副鸡"。

不管伏日是哪种得名的理据，都改变不了它炎热的事实。因此，在小暑、大暑日，民间的习俗活动主要就是如何避暑。人们想了很多的方法，尤其在饮食方面，尽可能吃增进食欲的食物。在北方，民间说法是"头伏饺子，二伏面，三伏烙饼摊鸡蛋"，因为入伏正是新麦满仓时，面食就成为很多人的选择。尤其是饺子，长期以来都是北方地区最爱的吃食。俗语说："好吃不过饺子。"在南方，则有"食新"的习俗，品尝刚刚收获的新米，并祭祀自己的祖先，以感谢大自然的赐予。

当然，最好的避暑饮食就是冰凉的东西。现代人有冰箱可利用，制作冰棍、冰饮，古人怎么办呢？其实古人很早就有冬日掘井藏冰的做法，我们的古书，如《礼记》《周礼》等都有记载。古代还专门有负责管理冰的官，叫"凌人"。"凌"的字形中有"冫",就是冰的意思。我们聪明的祖先甚至还发明了冰鉴——一种夏季用来盛冰,并放置食物在里面的容器,可以说是我国历史上最早使用的"冰箱"了。

为什么称为冰鉴呢?"鉴"的古文字形 ![] 上半部分是一只大大的眼睛,下半部分是器皿。它最初是一种盛水的容器,后来盛放冰,就称为冰鉴。上古没有镜子,但古人在生活中发现水能照影,因此"鉴"慢慢有了"镜子"的意思。尤其战国以后青铜制作的镜子越来越多,它的字形也发生了变化,改为"金"字旁,表示这种器物由金属制作而成。

尽管炎热给人们的生活带来很多的不便,但是猛烈的阳光也有它的好处,比如这个时间就可以曝晒各类东西,防止受潮发霉或长虫子,民间有"六月六,晒红绿"的说法。对于庄稼来说,气温最高时正是它们生长最快的时候,正可谓"人在屋里热

得跳,稻在田里哈哈笑"。

　　炎热的夏天总是让我们期盼着秋天的到来,小暑大暑一过完,秋天就如约而至了。

从立秋开始

秋(甲骨文)　　龟(甲骨文)

叶(金文)　　叶(小篆)

春、夏、秋、冬四季的第一个节气,都以"立+季节名"的方式命名,比如立春、立夏。所以,立秋这个节气名意味着秋天的到来,一般在每年阳历的8月7—8日。

随着天气慢慢变冷,树叶开始飘落,秋天也就如约而至了。不过,如果我们了解"秋"的古文字形的话,你会大吃一惊,古人最初对"秋"的认识,可真是特别。一起来看看吧。

"秋"的甲骨文字形作　,你可能难以想象,这分明就像昆虫嘛。有的学者认为是蟋蟀,也有的

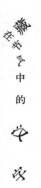

认为是蝗虫。不管是哪种，事实上，古人真是用昆虫形象来记录秋天这个季节的。为什么呢？因为一到秋天，蟋蟀就开始鸣叫，蝗虫也在秋熟时肆虐。而且，从古代的典籍中，我们也发现古人很早就观察到了昆虫与时令的关联。以蟋蟀为例，在先秦典籍《诗经》中，就有以"蟋蟀"为题的诗：

蟋蟀在堂，岁聿其莫。
今我不乐，日月其除。

此外，《豳风·七月》描写不同季节时也写到"蟋蟀"：

五月斯螽动股，六月莎鸡振羽。七月在野，八月在宇，九月在户，十月蟋蟀入我床下。

到了十月，天气越来越冷，蟋蟀也从户外逃到室内了。

可是为什么现在的"秋"字和虫完全没有关系了呢？原来在甲骨文中，🔣（秋）和🔣（龟）字形比较相似，两者都是侧视图，上面是头部，左边是肢体部分，右边是整个身躯。除此之外，它们的读音也近似，因此用字时常常会混淆。为了加以区别，人们便为"秋"重新造字，由"禾"和"火"组成。"禾"代表了秋天收获的庄稼，"火"则代表了秋天的颜色，这个季节有"火红的树叶""火红的高粱"。

立秋虽然已经进入秋季，但这时的气温还没有真正降下来，只有早晚能感受到阵阵凉风。在古人眼中，落叶是秋天的象征之一。宋朝诗人刘翰在《立秋》中写道：

乳鸦啼散玉屏空,一枕新凉一扇风。
睡起秋声无觅处,满阶梧叶月明中。

秋天的夜空如玉制的屏风,晶莹皎洁,幼小的乌鸦啼叫着最终飞散。睡觉时,枕上阵阵凉风,好像有人拿着扇子扇风一样。睡眠中听到秋风萧瑟,醒来寻找,却怎么也找不到。只看见明朗的月光下,梧桐叶落满了石阶。

在秋天的落叶中,古人对梧桐叶情有独钟,认为"梧桐一落叶,天下尽知秋"。成语"一叶知秋",最初便是这个意思。"叶"的金文 ѱ,整体字形就像一棵树,树上有好多叶子。后来为了凸显它的植物义,又增加了"艹",成为 叶,这就是"叶"的繁体字"葉"。不过这个字形比较复杂,汉字简化时就用"叶"代替了它。"一叶知秋"原意是看到一片落叶,便知晓秋天到来。后来比喻由小见大,从一点细微的现象就能推知事物的发展趋势。

在现代人看来,秋天意味着收获,意味着美景。人们享受着春种秋收的喜悦,观赏着漫山遍野的红叶,以充满希望、欢乐的心情迎接秋的到来。但在古人的文化观念中,秋风萧瑟,草木摇落,预示着生命衰落。因此,中国的诗歌中有很多悲秋之作,如唐代诗人刘禹锡的《秋风引》:

何处秋风至,萧萧送雁群。
朝来入庭树,孤客最先闻。

秋风从哪里来?它吹落秋叶,在萧萧落叶声中,一群群大雁往南飞。早晨秋风吹动庭院中的树木,孤独的异乡人最先听到这阵阵秋风声。

尽管秋天的萧瑟给人们带来情感上的哀伤,但不可否认的事实是:秋天是收获的季节。民间为了庆祝丰收,在立秋时有祭祀土地神的习俗。有些地

方，还将收获的新米煮饭，敬献给祖先。为了能够更久地保存新收获的农作物，民间还有"晒秋"的习俗。这时家家户户的院内，都晒满了红红的柿子、辣椒，黄灿灿的玉米、稻谷……五颜六色，就像秋天的调色板。

而经历了酷暑的人们，到了立秋，胃口也一下子打开了。这时和立夏一样，民间也有"秤人"的习俗。不过这回的称重，主要是和立夏时的体重作对比，以此来检验肥瘦。如果体重减轻，那就要吃点好的补偿夏天的损失，北方人称为"贴秋膘"。"膘"是小腹两旁的肥肉，贴秋膘意味着要长很多肉，最快的方式便是以肉补肉。所以到了秋天，我们就可以大快朵颐地吃肉了。不过也别吃猛了，一不小心吃成胖子了。

处暑是暑气
停留下来了吗?

处(金文)　处(金文)　虎(甲骨文)

虎(金文)　登(甲骨文)　豆(甲骨文)

处暑是秋季的第二个节气，一般在阳历8月22－24日。"处"是个多音字，可以读chù，如到处、好处；也可以读chǔ，如处分、相处。"处暑"中的"处"读什么音呢？

一般多音字的不同语音，代表了不同意义。所以要回答这个问题，首先得了解"处暑"的"处"是什么意义。古人说："处，止也。暑气至此而止矣。"根据这个说法，"处暑"相当于"止暑"，指酷暑终止。"处"为什么会有停止义呢？我们一起来看看它的古文字形。

处暑是暑气停留下来了吗？

"处"的金文🔣、🔣看上去字形很复杂，令人眼花缭乱，但如果仔细辨认，我们会发现这个字形由三部分组成。其中最显要的部分🔣、🔣是"虎"字，注意它的头部，看到张得大大的嘴巴了吧？早期古文字就已借助血盆大口，突出老虎的猛兽形象，不过🔣（处）中的老虎缺了条尾巴。

　　除"虎"外，"处"字左下方的🔣是"止"字，表示"脚"；右下方🔣则是"几"字。"几"是什么？现代生活中有一种叫茶几的家具，像桌子一样，但比桌子矮。"几"最初指的就是这类性质的家具。早期社会人们在室内主要是跪坐的方式，一张很矮的几案，可以让人们跪坐时有所依靠。因此，"脚"和"几"合在一起，意味着人在几案前停留下来，于是便有了"停止"的意思。至于"虎"字，它在这里只是起到提示声音的作用，可不是说老虎停下了脚步。

　　"处"表示"停止"义时读chǔ，所以"处暑"

中的"处"读三声。"处"后来又指停留的地点。为了区别两者,语音发生变化,改为四声,读chù。这就是我们现在最熟悉的用法,如处所、处处、到处等。

处暑表示暑气终止,所以天气也一下子变得很凉爽。宋末元初诗人仇远在他的《处暑后风雨》中写道:

> 疾风驱急雨,残暑扫除空。
> 因识炎凉态,都来顷刻中。
> 纸窗嫌有隙,纨扇笑无功。
> 儿读秋声赋,令人忆醉翁。

初秋时节,风雨汇集而来,夏天残余的暑气也被一扫而空,炎与凉的转变就在这一瞬间。纸糊的窗户被凉风吹破,扇子也被闲置在一旁不再使用。小孩们读起欧阳修的《秋声赋》,让人不免怀念起这位伟大的文学家。《秋声赋》主要通过"秋声"，描写了秋天草木被风摧折的悲凉，恰好和处暑之后的天气相映成趣。

在秋天的脚步越来越近之际，地里的庄稼也开始成熟了，民间便有"处暑谷见黄，大风要提防""处暑高粱遍地红"等各种说法。古人则把这种丰收的场景描写为"禾乃登"。"登"是成熟的意思，这个用法还保留在成语五谷丰登、五谷不登中。五谷指稻、黍、稷、麦、豆等各种粮食作物，所以五谷丰登指粮食成熟丰收，五谷不登则指粮食没有收成。"登"的甲骨文字形为 ，字形最下方是两只手，中间"豆"是古代一种高脚器皿"豆"，盛放粮食作物，字形最上方是两只脚。这三部分合起来表示什么呢？像手捧着盛放食物的器皿，向高处走去进献给别人。古时农作物成熟以后，有向天子进献或者祭祀祖先的礼俗，比如在我们的古书《礼记》中记载："是月也，农乃登谷，天子尝新。"在农作物成熟之后，百姓把新收获的粮食进献给天子。天子坐在高处，另外他的地位也是最高的，所以进献给天子这个动作，意味着向高处走，"登"便有了往高处的意思。这就是我们现在的常用意义，比如登高、登台、攀登等。

至于它的字形，在汉字发展演变过程中，原先表示捧着器皿的两只手慢慢消失了，只剩下"豆"和"脚"。所以现代汉字中，我们看到"登"中有"豆"，字形上方虽然现在已经不是一个独立的字，但实际是最初那两只脚的变形。

处暑时节，天气变得干燥，但是夏天的湿气还在体内，没有排除出去。所以在饮食上，民间就有"处暑吃鸭，无病各家"的说法，意思是处暑吃鸭子，每家每户都不生病。这是因为鸭子的功效是清热、润燥，可以去除湿气。没想到鸭肉不仅仅是美食，还有很大的医用价值呢。

处暑是暑气停留下来了吗？

带来凉意的
白露

雨（甲骨文）　　羞（甲骨文）

羊（甲骨文）

当天空出现飞往南方的雁群时，那就意味着我们又将迎来一个新的节气——白露，它是秋季的第三个节气。之所以取名白露，是因为这个时节，天气转凉，地面或植物的叶子上凝结着很多露珠。

"露"字从雨，路声，是个形声字。雨，古人解释为"水从云下也"（《说文解字》），意思是从云中降下的水。雨的古文字形也正描绘了这一形象。所以，用"雨"作部首的字，一般与下雨的意思有关。比如"雷"，这是下雨前的征兆；闪电的"电"，过去繁体字写作"電"，字形也从雨。

"露"为什么从雨呢？在古人眼里，露珠是从天而降的水珠，就像下雨一样。露珠真的是这样产生的吗？那就要借助现在的科学知识加以解释了。

秋天天气转凉，白天和夜晚的温差变大。夜晚降临时，临近地面的植物和石头容易导热，温度会快速下降，当空气中所含的水蒸气遇到这些温度较低的物体，就会凝结成小水珠，附着在上面。这就是露珠的产生原理。清晨，在阳光的照射下，这些来不及蒸发的水珠闪闪发亮，显得洁白无瑕，因此便有"白露"的美称。又因为我们时常在早晨与露珠相遇，所以也称为"朝露"。后来一些晶莹的液体也用"露"命名，比如"果子露"是饮料，"玫瑰露"是酒，"花露水"则是驱蚊药水。

白露时节天气转凉，除了地面形成露珠之外，鸟类也开始纷纷想办法应对这即将变冷的天气。古人观察到三种现象："鸿雁来""玄鸟归""群鸟养羞"。鸿雁来，指的就是大雁往南避寒。玄鸟归，是指燕子开始飞回南方。"玄"是黑色的意思，燕子因为羽毛黑，因此得名。群鸟养羞，则是指鸟类们开始储备食物。特别要注意这里的"羞"，它可不是害羞之义，而是美食的意思。"羞"的甲骨文写作 ꭥ，字形的左边 ꭤ 是"羊"字，主要突出羊向外的两只角。

"羊"在古人心目中是美味的代表，不信你看"美"字，它的上半部分是一个没了尾巴的"羊"字，下半部分是"大"。古人认为"羊大为美"，意思是肥肥的羊肉很鲜美。表示味道好的"鲜"字，则由"鱼"和"羊"组成。这些都可以看出"羊"在古代作为美食的象征。所以"羞"字由"手"和"羊"组成，合起来表示进献美食，这就是它最初的意义。不过，现在它把这个词义转给了"馐"，自己则只表示害羞义了。

白露时节的这些自然景象，我们也可以从古人

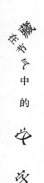

的诗歌中探寻到。比如杜甫有一首《月夜忆舍弟》（节选）：

戍鼓断人行，边秋一雁声。
露从今夜白，月是故乡明。

边塞城楼上的更鼓声断绝了行人往来。秋天的边塞上，一只孤雁在凄惨地鸣叫。从今夜起，就进入白露节气了，月亮还是故乡的更明亮一些。这是一首思念亲友的诗歌，读起来令人感伤。尤其离群的大雁声，更让诗歌增添了分离的悲凉气氛。不过在诗歌中，我们确实也看到了白露初始，大雁南飞的特点，正如民间俗话所言："八月雁门开，雁儿脚下带霜来。"

尽管露水转瞬即逝，但是对植物的生长很有帮助，它们在夜间有了露水的滋润后，就能很快恢复生机。尤其这个时节的茶树，经过夏季的酷热后，到了白露前后又进入生长佳期,所以白露前后制作的茶叶味道醇厚,民间就有喝白露茶的习俗。

除了喝茶,中国南方有些地区还会在白露时节酿米酒。白露酒一般用糯米、高粱等五谷酿成,略带甜味,用以招待客人。有的还装入坛子密封,埋入地下,过了许多年后再开封饮用。

白露代表着从夏到秋,从热到凉的转变,因此民间就有很多说法,如"白露白露,四肢不露""一场秋风一场凉,一场白露一场霜"。在这凉爽的季节中,大枣熟了,地里的棉花白了,核桃也从树上落下来……空气中弥漫着桂花的香味,所谓"八月桂花香",正是白露时节桂花盛开的场景。夏天一直萦绕在耳旁的蚊子声,也终于安静了下来,这就是"喝了白露水,蚊子闭了嘴"。

「秋分」分什么？

昼(甲骨文)　　昼(金文)

昼(小篆)　　夜(金文)

在介绍春分这个节气时,我们曾经讲过春分、秋分的"分"有两个含义:一是将春季或秋季平分了;二是指这两个节气的昼夜平分、冷暖平均。

古人把白天称为"昼",昼夜平分,就是指白天和晚上的时长相同。从昼、夜的字形中,也可以看到古人对于白天和黑夜的认识。他们是怎样认识的呢?那就让我们一起看看"昼""夜"的古文字形吧。

"昼"的甲骨文写作 ,金文写作 ,字形的下半部分无论方形还是圆形,都代表着太阳。上

半部分则是手和笔，表示手里拿着笔画太阳，意味着白天的到来。汉字发展到小篆，"日"又被"旦"代替，写作"畫"，强调白昼始于日出。这就是繁体字形"畫"的来源。后来汉字简化时，"尺"代替了上半部分的手与笔，于是便写成了"昼"。不管这个字形有怎样的变化，"日"是它始终保留的形体，因为太阳是白天的代表。

"夜"的古文字形，像一个正面站立的人形。人的腋窝位置下则是，这是"夕"字，字形像弯弯的月亮。在古人的认识中，月亮就是夜晚的代表，因此用月亮的形体表示夜晚义。所以，"夕"在这里提示"夜"的意义。除了"夕"外，"夜"的另一部分其实是"亦"，用来表示"夜"的声音。所以，"夜"字其实是个形声字，但发展到现代，"亦"和"夕"黏合在一起，你已经看不出了。

秋季三个月92天，秋分日期恰好居中，平分秋天。秋分之后,天气开始真正凉爽,夜晚也逐渐变得比白天长。慢慢地,雷声和闪电也开始变少。由于降水量减少,天气干燥,水蒸气蒸发快,湖泊和河流的水量也开始变少,渐渐处于干涸状态。同时随着天气变冷,我们也几乎听不到虫鸣声了。因为小动物们都要为过冬作准备,筑垒自己的巢穴,储藏食物。秋分时节的这些自然变化,古人在他们的生活中就已经观察到,并作了很好的总结:"雷始收声,蛰虫坯户,水始涸。"

秋分也是传统的"祭月节",后来盛行的中秋节其实就来源于祭月节。古人有很多秋分时节赏月、赞月的诗句。比如宋代诗人杨公远曾写过一首《三用韵》的诗:

屋头明月上,此夕又秋分。
千里人俱共,三杯酒自醺。
河清疑有水,夜永喜无云。

桂树婆娑影，天香满世闻。

在这首诗中，诗人描写到秋分时节，明月挂在高空。无论相距多远，大家都举杯望月，三两杯就已有微微的醉意。天上的银河清澈无比，似乎有满满一江水流。夜晚的时间越来越长，明朗的空中没有丝毫云彩。隐隐看到月宫中的桂花树，盛开着的花香也洒满了人世间，处处都能闻到。

对于月亮，古人幻想出嫦娥、玉兔、桂树等很多美好的事物。诗人此处貌似在写月宫中的桂花，实际"八月十五桂花开"，秋分时节正是桂花香满大地之时。因此诗中所写的花香，并非只是诗人想象之物。把酒赏桂，也成为中国文人创作中永恒的主题之一。

秋分是一年中农事最为繁忙的时候。农民们既要收获，又要耕地播种，这就是"三秋"大忙——秋收、秋耕、秋种。棉花吐絮，晚稻成熟，这是秋收；土地翻耕，播种麦子，这是秋耕、秋种。正如农谚所言"夏忙半个月，秋忙四十天""白露早，寒露迟，秋分种麦正当时"。

秋分之后气候逐渐变得干燥，很容易引起鼻干、咽干等问题。这个时节咳嗽、感冒是常见的现象，这都与气候的变化有关。所以到了秋天，家里总要准备梨、百合、银耳汤等食物，因为它们都有清热润燥的作用。

有些地方在秋分这一天还要吃汤圆。不过这回的汤圆，可不是象征团圆。据说煮好的汤圆，要用细竹叉扦着放在田边地坎，取名叫"粘雀子嘴"。原来人们想用黏黏的汤圆粘住麻雀这些鸟儿的嘴巴，这样鸟儿们就不会去啄食地里的庄稼了。看来，秋分的这碗汤圆相当于稻草人了。

凄凄寒露零

华(小篆)　　宾(甲骨文)　　宾(金文)

白露时节,天气从炎热向凉爽转变。到了寒露,天气则由凉爽向寒冷过渡。民间有句俗话:"寒露寒露,遍地冷露。"地面的露水寒光四射,快要凝结成霜了,所以这个时候要特别注意防寒保暖。

寒露一般在10月7—9日,恰好是我们的国庆假期之后。说到这个时节的自然风貌,北方的朋友可能马上会想起漫山遍野的红叶。除了红叶之外,此时也是菊花怒放之际,天上则会出现最后一批南迁的大雁,古人用"菊有黄华""鸿雁来宾"来描

凄凄寒露零

绘这一景象。

"黄华"就是"黄花"的意思。最初表示花朵义的字其实是"华",它的古文字形 ![字形] 像一株植物,上半部分是花朵。小篆为了凸显它是植物的花朵,增加了草字头,写成 ![字形],这就是繁体字"華"的来源。可是这个字笔画有点多,写起来比较费劲,于是人们又把它简化为"华"字。当然,它的功能也发生了变化,最初的"开花、花朵"等义都转给"花"字,"华"则表示其他意义了。

寒露时节植物大多凋零,正如唐朝诗人白居易在《池上》中所描写的:

袅袅凉风动,凄凄寒露零。
兰衰花始白,荷破叶犹青。

秋天的凉风轻轻吹动,凄清寒冷的水汽凝结成寒露。兰草衰败,花朵开始变白;荷花虽已残败,但荷叶还是青色的。

在这浓浓秋意中,唯有菊花还傲然开放,正所谓"宁可枝头抱香死,何曾吹落北风中"(宋代郑思肖《寒菊》)。所以,在中国传统文化中,菊花代表着清寒傲雪的品格,和梅、兰、竹并称为花中四君子。

大雁南飞,古人为什么用"鸿雁来宾"来描绘呢?"宾"的甲骨文 由房子和人组成,表示进入房内的人。这是什么人呢?"宾"的金文 增加了 (贝),"贝"在古代用作钱币,非常珍贵,代表了贵重的礼物。所以这是携带礼物而来的人。与"客"相比,"宾"更突出客人的尊贵,因此汉语中有"贵宾"之说。

后来为了省简字形,"宾"字保留了表示房子的"宀",而代表人和礼物的部件,则被"兵"代替,用来提示"宾"的读音。这样,"宾"也就从最初的会意字,变成了从宀、兵声的形声字。在古

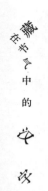

人看来,白露时节已经南下的大雁是主人,寒露时节南飞的大雁如宾客般抵达主人之所,因此用"来宾"描述。

寒露时节正是螃蟹肥美时,正如俗话所言"秋风响,蟹脚痒"。古人也留下了很多有关吃蟹的诗词。比如元代诗人陈高写了一首《题蟹》:

> 昔年作客到淮阳,饱食霜螯一尺长。
> 几度春秋橙子熟,樽前空对菊花香。

诗名"题蟹",说明这首诗是为画作所写的。过去文人绘画后,还会在画的空白处题上诗句。诗人陈高看到一幅螃蟹画,就回忆起当年在淮阳饱餐螃蟹的场景。那里的螃蟹非常肥美,螯都有一尺长,一尺相当于33cm。可能你会说有这么长的螃蟹腿吗?当然这里有一些夸张的成分。诗人对着蟹画回忆过去食蟹的快活,如今却只能空对着酒杯喝菊花酒，怅然若失。

寒露时节气候干燥，很容易上火，所以这一时期的饮食要以清淡为主。比如菊花具有清热、明目等功效，菊花酒就是用菊花加上糯米等酿制而成的，味道清甜。在寒冷干燥的秋冬季节里喝上一杯，对身体有很好的保护作用。所以，陈高《题蟹》诗中的"菊花香"指的就是菊花酒的香味。

芝麻在中国历来被视为极富营养的食物，据说它还可以预防上火，和绿豆有相同的作用，所以民间有句俗话："芝麻绿豆糕，吃了不长包。"寒露盛行吃芝麻，民间就有各种各样芝麻做的糕点，如芝麻糕、芝麻酥、芝麻烧饼等。

除了饮食方面的注意外，寒露时节还要格外注意脚部的保暖，俗话说："寒露脚不露。"为了预防寒从脚下生，这个时候应该常用热水泡脚，驱除寒冷。老人和小孩因为抵抗力相对较弱，特别要注意及时增减衣物，不然很容易生病。

从天而降的霜:
霜降

降（甲骨文）　陟（甲骨文）

山（金文）　丘（甲骨文）

霜降是秋季的最后一个节气，一般在阳历的10月23或24日。"霜"是什么？从字形看，"霜"和"露"都从雨，在古人眼中，两者都是从天而降的，所以命名为"霜降"。

"降"的甲骨文字形写作 。左边 是什么呢？如果把它逆时针旋转90°的话，字形成为，与（山）、（丘）很相似，就像一座座连绵的山脉。所以， 实际是侧立的大山形体，对应汉字就是"阜"，表示大山。 （降）的右边是两只脚，在甲骨文中，古文字形 表示脚。但要注意

从天而降的霜：霜降

119

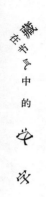

的是,"降"中的两只脚写成 𠂇,是向下的,表示下山。有下山必然有上山,甲骨文中还真的有另一个字形 ,你看它与 的差别是不是就只在两只脚的方向?这就是"陟"字。所以,"陟""降"恰好通过它们的脚的不同方向,分别代表了上山、下山之义。后来又分别指代由低到高,或由高到低的过程。

事实上,霜的形成和露珠具有相同的原理。在白天和夜晚温差较大的时节,空气中的水蒸气在地面或植物上,直接凝结成细微的冰针,远远望去,白白的一片,这就是我们所说的霜。东汉时期有位叫王充的学者,特别有科学精神,他在《论衡》中就已经讲到霜、露等都是"雨露冻凝者,皆由地发,非从天降"。

不过,相较于露珠,霜是在更为寒冷的条件下形成的。所以从白露、寒露,一直到霜降,天气逐渐在变冷。在我们古老的典籍《诗经》中,也已有

"蒹葭苍苍,白露为霜"的说法了。

霜降时节,由于天气变冷,植物光照时间减少,叶子中的叶绿素也开始变少,黄色和红色开始占据主导地位,怪不得在唐代诗人杜牧眼里,"霜叶红于二月花"。枫叶经过秋霜的锤炼,比二月的春花还要红,而更多的草木叶子则慢慢枯黄。

在这落叶飘飞的深秋中,唯有菊花、芙蓉还在傲然开放。唐代著名的农民起义军领袖黄巢曾有一首《不第后赋菊》:

待到秋来九月八,我花开后百花杀。
冲天香阵透长安,满城尽带黄金甲。

等到秋天来临的重阳节,众花都已凋零,只有菊花怒放。它的香气直冲云霄,渗透整个长安城,城内到处都开满了金黄的菊花。整首诗读起来气势雄伟,非常豪迈。黄巢借菊花寄托了起义军想要推翻统治者的愿望。

芙蓉花分为草芙蓉和木芙蓉两类。草芙蓉是荷花的别名，木芙蓉因为不畏寒霜，又有"拒霜花"的美称。宋代大文豪苏轼专门写诗称赞过它，诗名叫《和陈述古〈拒霜花〉》：

千林扫作一番黄，只有芙蓉独自芳。
唤作拒霜知未称，细思却是最宜霜。

树林里的叶子都变成黄叶了，只有木芙蓉还独自盛开着。因此诗人觉得把木芙蓉称作拒霜花，似乎没有说出它耐霜的特点。因为拒霜，也可以理解为拒绝霜寒、害怕霜寒。想来想去，似乎称作"宜霜花"最适合。木芙蓉的花朵有白、粉等颜色。最奇特的是它的花色一日三变，据说早晨开花是白色，中午渐渐变红，下午变为深红，因此又名"三变花"。

动物们是如何应付寒霜的呢？准备冬眠的虫兽开始纷纷蛰伏过冬，这就是古人眼里的"蛰虫咸俯"。在讲惊蛰时，我们讲过"蛰虫"是指伏藏起来不吃也不动的虫兽。"咸"是全部的意思，可不是我们平常所说的咸淡之咸。"俯"是潜伏、卧伏的意思。从春季"一雷惊蛰始"到秋季"蛰虫咸俯"，动物们又经过了一个生命的轮回。

霜有两面作用，一方面如果温度过低，就会形成霜冻，很容易冻坏各种植物。所以这个时候要给不耐寒的植物穿上"外衣"，另外也要及时收获田地里的农作物。民间有大量的谚语在提醒人们注意霜冻，如"霜降不起菜，必定要受害""霜降拔葱，不拔就空""霜降一过百草枯，薯类收藏莫迟误"。

另一方面，有些蔬菜经霜以后味道更美，比如菠菜、冬瓜以及各类水果等。其中，柿子是霜降时节最具代表性的果物，民间有"霜降到，柿子俏，吃了柿，不感冒"的说法，认为霜降时吃柿子，不

会流鼻涕。也有说法是霜降吃柿子,冬天不裂嘴巴。事实上,柿子虽然美味,但不能多食,尤其不适合和螃蟹一起吃,很容易肚子疼。柿子也不能空腹吃,因为它有大量柿胶,容易与胃酸形成结块,会长胃柿石。

冬天的开端：立冬

冬(甲骨文)　　冬(甲骨文)　　冬(金文)

冬(小篆)　　酉(甲骨文)　　交(小篆)

冬季的第一个节气是立冬,一般在每年的阳历11月7－8日。立冬代表着冬天的开始,它与立春、立夏、立秋合称"四立"。

怎么判断冬天的到来呢?或许你的回答是寒冷、结冰、下雪……确实,这些都是冬天的迹象。在古人眼里,立冬时"水始冰""地始冻"。同样,在"冬"的字形中,也隐藏着人们对于冬天的认识。

"冬"的小篆形体是夋,字形下方的"仌"表示"冰"。那它的上半部分表示什么意思呢?

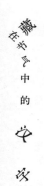

追溯到"冬"字的甲骨文,可以看到它最初写作∧或∧,古人用这样的图形表示什么呢?原来是在丝线或绳子的两端各打一个结,以此表示两个顶端,也就是事物结束的地方。所以"冬"最初表示最后、结束,后来专指一年快要结束的那段时间,这就是冬天。为了凸显这一意义,所以"冬"字发展到后面,又变成了♦、♦这样的形体,字形中增加了"日",像太阳被包裹起来了一样,因此大地就变得寒冷,非常形象。我们现在的"冬"字,则来源于小篆♦的形体,把线条拉直,就成为了现代汉字"冬"。

由于"冬"后来专门表示冬天这一词义,它原先的"最后、结束"这个词义,则重新造字。为了凸显最初用丝线打结表示结束的这一特点,新字形中增加了丝线的部件,由"冬"加上"丝",你猜猜是什么字?谜底是"终"。"终"表示结束,所以"期终"是一学期结束的时候,"年终"是一年的末尾,"始终"则是从开始到最后的整个过程。

在诗人的笔下,立冬日是怎样的一幅景象呢?一起读读这首《立冬》诗吧:

> 冻笔新诗懒写,寒炉美酒时温。
> 醉看墨花月白,恍疑雪满前村。

古代没有太多取暖的条件,屋内应该没有暖气,所以诗人的笔墨也冻结了,索性懒得写诗了。诗人坐在火炉旁,一边取暖一边温酒驱寒。在洁白的月光映照下,醉眼观看砚台里的墨渍,就像盛开的花朵。恍惚间,又把月光当作了满地雪花。诗人给我们描绘了一幅很浪漫的立冬图。即使天寒地冻,但我们依然感受到了大自然所赋予的美。

天气变冷,虽然给日常生活带来一些不便,但在酿酒人眼里,这无疑是绝佳的酿酒时节。酿酒,就是造酒。"酿"是个形声字,由"酉"和"良"

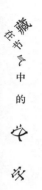

组成。"酉"字最初就是"酒"的意思,它的甲骨文字形就是一个装酒的器皿形体,后来为了凸显酒是一种液体,因此字形中增加了"氵",写作"酒"。虽然"酉"不再单独表示酒的含义,但由它构造的字大多还与酒的意义相关,比如"醉"就是喝酒导致的,"醒"古代专指醉酒以后的清醒。为什么低温就适合酿酒呢?据说酒在低温长时间发酵过程中可以形成良好的风味。所以在浙江绍兴一带,历来就有立冬酿黄酒的习俗。

立冬时节民间饮食的一大特色是"北吃饺子南吃葱"。为什么立冬时要吃饺子呢?一是"好吃不过饺子",饺子是北方人心目中的美味食物之一;二是"饺"谐音"交","交"的小篆写作,像两腿相交之形,因此有相交、交替的意思。立冬是秋冬交替之节,吃饺子就包含着时间相交更替的意思。当然,还有种说法是:饺子外形像耳朵,人们吃了它,冬天耳朵就不受冻。

而在南方有些地区，立冬日盛行吃葱。民间有句俗话："立冬飕飕疾病盘，大葱再辣嘴中盘。"意思是立冬时节很容易生病，大葱能让人远离疾病，因此再辣也得吃进嘴中。其实，吃葱原本是北方人的习俗，很多地方都有生吃大葱的习惯。在南方地区的饮食习惯中，葱主要用作调料。因此南方立冬时节的吃葱，主要是将葱末放在酱油或香油中，就着热乎乎的荤菜下肚，以此来抵抗冬季的湿寒。

小雪和大雪

雪(甲骨文)　绝(甲骨文)　绝(金文)　绝(金文)
绝(小篆)　断(小篆)　丰(金文)　丰(小篆)

小雪、大雪是冬季的第二和第三个节气，顾名思义，这是两个表示下雪的节气，区别在于降雪量。小雪一般在每年11月22或23日，而大雪则在每年的12月6—8日。

"雪"的甲骨文由两部分组成，上半部分是雨，说明在古人的认知中，雨、雪是同一类自然现象，都从天而降。"雪"的下半部分像两根羽毛，事实上这是"彗"字，表示"扫帚"。扫帚和雪，或许你的第一反应是古人也已经开始有扫雪的工作了，所以字形中有扫帚。事实上，这里的

⺕（彗）在"雪"字中只是充当提示声音的作用。

小雪时节是一种什么样的自然景象呢？诗人徐铉曾在小雪当天，写了一首《和萧郎中小雪日作》（节选）：

> 征西府里日西斜，独试新炉自煮茶。
> 篱菊尽来低覆水，塞鸿飞去远连霞。

小雪这天的傍晚时分，诗人在征西府中试着用新炉煮茶。篱笆边的菊花已经开败，掉落在水中。塞外的鸿雁也列队南迁，向着晚霞远远飞去。可以看到，此时连一向不畏寒冷的菊花都已凋零，大雁也最终画上南迁的句号。

天气日渐寒冷，连土地都封冻起来了。在地里忙碌了一年的农民们，趁着农闲，开始腌制或者储藏各种蔬菜。民间有句俗话："小雪腌菜，大雪腌肉。""腌"字中的"月"表示肉，"奄"不仅提示了声音，还提示腌制的特点。在汉语中，一些具有相同声符的字，会有共同的特点，比如植物的茎干叫"茎"，人的脖子叫"颈"，人的小腿叫"胫"，人走的路叫"径"，这些字中都有相同的部件"巠"，表示它们的读音相同或相近。这些事物有什么共同特点呢？仔细想想的话，可以看到它们的形体都是直的，除非蔫了，植物的茎才会弯；人的脖子、小腿无论长短，也都是笔直笔直的；"径"，则表示直直的小路。

从"奄"得声的字，如淹、掩、腌等，它们有什么共同特点呢？淹，是被水覆盖了；掩，是用手或其他遮挡物覆盖住某样东西；腌，是把菜或肉抹上一层又一层的盐，放在大缸内，用大石头压盖着。可见，三者都有覆盖的特点。虽然从营养学的角度来说，腌菜不如新鲜菜富含营养，但在过去新鲜蔬菜不易生产也不易保存的年代，把秋冬收获的蔬菜用腌制的方式储存起来，可以使人们在寒冬也

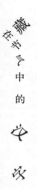

能吃上蔬菜,这其实是一种难得的生活智慧。

小雪过后15天,便是大雪时节。这时天气更为寒冷,河里基本都结冰了,这就是民间常说的"小雪封地,大雪封河"。我们非常熟悉的《江雪》这首诗,就描绘了一幅大雪纷飞的自然风貌图。诗人柳宗元写道:

千山鸟飞绝,万径人踪灭。
孤舟蓑笠翁,独钓寒江雪。

诗中"绝"的甲骨文 ,左边是丝线,右边是刀,合起来表示用刀割断丝线。到了金文,一方面进一步继承了甲骨文的形体,写作 ;另一方面又产生了新的形体 , 更为形象地体现出用刀割断丝线的意义。小篆 (绝)继承了金文、甲骨文左右结构的字形,在此基础上增加了声符 (卪),这就是"绝"的形体来源。"绝"的另

一个形体 ![img]，虽然没有保留下来，但它参与到了"断"的组合中。"断"的小篆 ![img]，左边 ![img] 就是 ![img] 的变化，所以"断"字由断了的丝线和表示工具的"斤"组合，表示断绝之义。

"绝"通过用刀割断丝线的形体表示"断、断绝"的意思，后来又指"没有"等意义。在这首诗中，"鸟飞绝"和"人踪灭"相对应，是鸟和行人的脚印都了无踪迹。在大雪中，只看到一位穿着蓑衣戴着斗笠的老人，独坐在小船上，在江中垂钓。诗中虽然只写了一处"雪"，但又处处向读者暗示着雪的场景。千山、万径，因为有雪，所以才会"鸟飞绝""人踪灭"。

大雪节气一到，家家户户都忙着腌制咸货。俗话说得好，"未曾过年，先肥屋檐"，说的是大雪节气期间，家家户户的门口或窗户都挂上了腌肉、香肠等，以迎接即将到来的新年。传说这个习俗同鞭炮的由来相同，都和"年兽"相关。人们提前将食

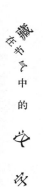

物腌制好,年底就可以高枕无忧、足不出户,这样就不会遇到怪兽"年"了。

大雪带给人们的不仅仅是腌肉的丰收,还预示着来年的农业丰收。这就是我们最熟悉的一句俗话"瑞雪兆丰年"。

"丰年"的"丰",以前写作"豐",这个字形很复杂,表示什么意思呢?追溯到它的古文字,可以看到它的金文 ![豐金文], 下面是豆——古代的一种高脚器皿,上面象征"豆"的器皿中放满了东西。小篆继承了这一形体,写作 ![豐小篆], 这就是"豐"的来源。通过它的古文字形,可以看到它最初表示物品丰富之意。由于这个字形笔画太多太难写了,所以后来改由"丰"替代。丰年,就意味着收获满满。

大雪预兆来年是个丰收年,这是农民们在世世代代的农业劳动中总结出的经验,因此各地都有类似的谚语,如"大雪纷纷落,明年吃馍馍""冬天麦盖三层被,来年枕着馒头睡"。三层被,指的就是雪；枕着馒头，说明粮食收获丰厚，馒头多得都可以作枕头了。为什么降雪就意味着庄稼的收成好呢？原来积雪可以冻死越冬的虫卵，还可以给土壤保温，防止农作物被低温冻坏。而且，积雪融化后还可以给庄稼补充水分，所以雪是农业生产的好帮手。

不仅农民伯伯喜欢大雪，住在城里的人们也都盼望着每年雪的降临。银装素裹的世界让人们享受到自然之美，赏雪也成了生活中最美的期盼之一。清人张岱在《湖心亭看雪》中，写到自己专门撑着船，穿上毛皮衣，带着炉火，做好一切保暖工作前往湖中赏雪，"余拏一小舟，拥毳衣炉火，独往湖心亭看雪"，所到之处，"雾凇沆砀，天与云、与山、与水，上下一白"，湖面上雾气弥漫，天与云与山与水，浑然一体，上下一片白色。真是诗一样的景色！

除了赏雪，洁白的雪花也给人们带来了很多的

娱乐活动，最常见的是打雪仗、堆雪人。有雪便有冰，雪到来的时候，有些河面也结冰了，所以人们又增加了很多的冰上活动。有这么多丰富的冰雪活动，或许你都忘却了小雪、大雪的天寒地冻，在内心还期盼着它们早日到来。

冬至是冬天到了吗?

首(甲骨文)　　首(金文)　　首(小篆)

赤(甲骨文)　　火(甲骨文)

　　冬至的得名和夏至相同，这里的"至"是极致的含义，同样指的是白天和夜晚的长短问题。夏至这一天，北半球的白天时间最长，夜晚最短。冬至正和它相反，是一年中白天时间最短、夜晚时间最长的时候，一般在阳历12月21—23日。

　　从冬至开始，白天逐渐变长。有句俗话叫"吃了冬至面，一天长一线"。过去，到了冬天农闲时，妇女们就会抓紧缝制衣服、鞋子等。晚上因为用电不方便，一般趁着白天做。白天变长以后，缝制的时间也变长了。所以，这里的"长一线"是指人们

冬至是冬天到了吗？

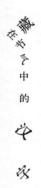

白天缝制衣服，会比之前多用一些线，多做出一些活。

在周代，冬至是新一年的开始，称为"岁首"。"首"的甲骨文 像动物的脑袋，有头颅、眼睛、嘴巴，还有头上的毛发。慢慢发展到金文 ，字形只突出了眼睛和毛发。小篆 沿袭了金文，上面三根线条代表毛发，眼睛则写成了"目"，后来毛发也简化后，就成为我们现在的"首"字。从"首"的字形演变中，可以看到"首"最初表示脑袋、头，由于脑袋在身体的顶端，并且也是最重要的，因此"首"就有了第一、开始等意思。"岁首"就是一年的开端，把冬至作为岁首，就是以农历十一月作为新年的开始，直到汉朝以后，才改农历正月是岁首。

冬至过后，白天逐渐变长，太阳照射地球的时间也越长。所以在古人眼里，也是阳气逐渐增长的时候。杜甫在他的《小至》诗中写道："天时人事日相催，冬至阳生春又来。"自然界的节气和人世间的事情逐日相催，冬至一到，阳气出动，春天也就快要来了。但事实上，真正迎接春天的到来，还需要一段时间。怎么消磨严寒的日子呢？古人想出了"数九"的方法。

数九，就是从冬至开始数，每九天为"一九"，一直数到"九九"，共计八十一天。数完这些天，春天也就降临人间了。正如民间盛行的"九九歌"唱的：

> 一九二九不出手，
> 三九四九冰上走，
> 五九六九，沿河看柳，
> 七九河开，八九雁来，
> 九九加一九，耕牛遍地走。

不出手，是指天冷手一直不敢露出来。冰上

冬至是冬天到了吗？

走，说明这时路面结了厚厚的一层冰。沿河看柳，说明柳树开始发芽了；河开，河水解冻，水开始哗哗地流淌了；雁来，南方的大雁开始往北飞。耕牛遍地，春天来了，土地开始解冻了。从"九九歌"中，可以看到"三九四九"是最寒冷的时候，所以民间有"冷在三九，热在三伏"的说法。

怎么数九呢？古人也想了很多办法。我们最熟悉的莫过于"九九消寒图"了。通常是在白纸上画九枝寒梅，每枝各有九朵梅花，代表九天。人们从冬至开始，根据每天的天气情况给一朵梅花涂色。当八十一朵梅花都涂上颜色后，也就意味着寒冬过去了。

民间历来重视冬至，有"冬至大如年"的说法，南北各地都有自己的庆祝方式和饮食风俗。在江南，有冬至夜吃赤豆糯米饭、喝冬酿酒等习俗。"赤"的甲骨文字形 ，上半部分是个正面站立的人形，这是"大"字，下半部分 是"火"字，用

"大"和"火"的组合,表示火红的意思。所以,"赤"相当于"红",比如"面红耳赤"就是脸和耳朵都红了,"赤豆"就是红色的豆。

为什么要吃赤豆糯米饭呢?传说上古神人共工氏有一个作恶多端的儿子,死在冬至这天,死后变成疫鬼继续祸害百姓,但是这个疫鬼最害怕赤豆。所以,人们就在冬至这一天煮赤豆糯米饭吃,来驱避害人的鬼。传说虽然不可信,但赤豆糯米、冬酿酒等都可以驱寒保暖,很适宜冬天食用。尤其赤豆糯米,还有滋补作用,是冬季养生的好食物。

在中国北方地区,则有吃馄饨、饺子等习俗。民间有"冬至馄饨夏至面""冬至不端饺子碗,冻掉耳朵没人管"等谚语。冬至为什么吃饺子?据说和"医圣"张仲景有关。张仲景是东汉时期的医学家,传说他在冬至这一天,看到很多百姓忍饥挨饿,耳朵都冻烂了,于是他把一些驱寒药材煮熟剁碎,和其他馅料混合,再用面皮包成耳朵的样子,

放在锅里煮熟，施舍给百姓，人们服用后耳朵都治好了。后来民间便有了冬至日吃饺子的习俗，怪不得饺子长得像耳朵呢。

小寒和大寒

乡(甲骨文)　　巢(金文)　　巢(小篆)

乳(甲骨文)　　乳(小篆)

小寒、大寒是一年中的最后两个节气，处于严冬季节。正如民间谚语所说，"小寒大寒，冻成一团""小寒大寒，滴水成冰"。小寒一般在每年的阳历1月5—7日，大寒则在阳历1月20或21日。

如果光从命名来看，小寒应该要比大寒暖和一些，因为小、大代表了不同程度。但实际上，根据长期以来的气象记录，中国北方地区小寒节气比大寒节气冷，因此民间有"小寒胜大寒"之说；而南方大部地区则是大寒节气要比小寒节气更冷。

大雁在古人眼中是非常信守时间的飞禽，因此

成为人们判断节气的一个重要参照对象。从立秋以来，在很多节气中，我们都可以看到大雁南迁。从小寒开始，虽然天气很冷，但越冷也就意味着离春天越近。所以此时飞往南方的大雁，开始准备向北迁移，古人用"雁北乡"来描述这一变化。

特别要注意的是，"乡"不是故乡、家乡之义。事实上，"乡"最初写作"鄉"，对应的甲骨文 ，非常形象地描绘了古人吃饭的场景。左右两边是跪坐的人，先秦时期人们在室内主要是跪坐方式。中间是盛放食物的器皿，整个字形表示两人相向而坐，一同进食。因此"乡"便有了相向之义。"雁北乡"，大雁开始朝向北方，准备回家了。

喜鹊也开始筑巢，"巢"的金文 是一个典型的象形字，下面是"木"，表示树，树梢处则是鸟窝。发展到小篆，写作 ，字形稍有变化。最大的区别就是增加了"巛"，代表鸟，"木"上方的"臼"则表示鸟巢。了解了"巢"的古文字，我们也就明白现代汉字"巢"的下面其实不是"果","木"上的"田"实际是鸟巢。

小寒时节,正值蜡梅绽放之际。在中国传统文化中,梅花因其不畏严寒,傲雪绽放,与兰、竹、菊并称"四君子",与松、竹合称"岁寒三友"。恰如宋人王安石所吟诵的《梅花》:

墙角数枝梅,凌寒独自开。
遥知不是雪,为有暗香来。

墙角生长着一丛梅花,它们冒着严寒独自盛开。为什么远远望去就知道那是梅花不是雪呢?是因为有梅花的阵阵幽香传来。诗中"凌"最初的含义是"冰",古代储藏冰块的冰室叫"凌阴",专门管理冰的官员叫"凌人"。但在这里,它可不是"冰",而是"冒着"的意思。凌寒,就是冒着严寒。

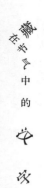

正是因为天寒地冻中,还有梅花的绽放,冬日的生活也增加了一些趣味。宋人杜耒就在《寒夜》中表达了这份对梅花的喜爱与感激:

> 寒夜客来茶当酒,竹炉汤沸火初红。
> 寻常一样窗前月,才有梅花便不同。

冬日的寒夜有客人来访,以热茶代酒招待,围坐炉前,火炉的炭火刚红,水便沸腾了。月光照射在窗前,似乎与平时一样,但因有了几枝梅花,便显得格外不同。

小寒过后15天便是大寒,这是二十四节气中的最后一个,也预示着一年的终点。在古人眼里,大寒是一年中冷到极致的时期。这是怎么样的一种冷呢?看看宋人邵雍在他的《大寒吟》中是如何描述的吧:

旧雪未及消,新雪又拥户。
阶前冻银床,檐头冰钟乳。
清日无光辉,烈风正号怒。
人口各有舌,言语不能吐。

旧的积雪还没来得及融化,新下的大雪又纷纷飘落在门前。台阶前的井栏已经冰冻,屋檐下的雪水则冻成冰柱,像钟乳石一样。清朗的日子没有一丝光芒,猛烈的北风怒吼着。人们各自有舌头,想说话却因风太大一句也说不出。整首诗通过对大雪、大风的描写,让我们感受到冬天的"寒"。

当然,除了风、雪,大寒的"寒"还体现在"冰"上。古人形容这个节气的自然特征之一就是"水泽腹坚"。水泽,就是湖泊之类的河流。"腹"原指人体的腹部,身处中间,这里指水泽的腹部,也就是湖泊中心。"坚"就是坚硬、坚固。小寒时期,水开始结冰,到了大寒,整个湖面都已结成

冰，并且越发牢固。古代这个时候就开始凿冰、藏冰。古人为什么要储藏冰呢？这是为了夏天提前准备的。过去因为冰不容易保存，所以非常珍贵，朝廷会把藏冰当作礼物赏赐给士大夫，所以一般只有贵族阶级才能使用。

不过俗话说："大寒到顶点，日后天渐暖。"大寒过后，充满希望的春天就将来临。母鸡也开始准备孵化小鸡，在春天到来之际迎接新的生命诞生。古人描述为"鸡始乳"。"乳"的甲骨文像妈妈怀抱着孩子哺乳，非常形象。后来到了小篆中，字形慢慢有了变化，写作，这就是我们现在"乳"字的来源。母亲哺育孩子的前提，是把孩子生下来，所以"乳"有生子等意义。"鸡始乳"就是指母鸡妈妈把小鸡从蛋中孵化出来，相当于母鸡生孩子。

大寒时节除了梅花依然在绽放以外，在中国南方有些地区，还盛开着瑞香花。瑞香花，顾名思义,这种花的特点就在于花香浓郁。"瑞"从"王",实际是"玉",原本表示玉制的信物,代表吉祥,如"瑞雪"。瑞香花,因为在严寒中开放,人们以为祥瑞,因此命名"瑞香"。传说庐山一个和尚,睡梦中闻到一阵奇香,醒后寻找,找到了散发浓郁香气的瑞香花,因此也命名为"睡香花"。

进入大寒,临近春节,家家户户都忙着准备各项迎接新年的活动。正如民间所唱的那样:

小孩小孩你别馋,
过了腊八就是年。
腊八粥,喝几天,
哩哩啦啦二十三。
二十三,糖瓜粘。
二十四,扫房子。
二十五,磨豆腐。
二十六,去买肉。

二十七，宰公鸡。

二十八，把面发。

二十九，蒸馒头。

三十晚上熬一宿。

初一初二满街走。

大寒气候的变化也是预测来年雨水及粮食丰歉情况的重要标志，从很多谚语中我们也可以看到，比如"大寒天若雨，正二三月雨水多""大寒白雪定丰年""大寒见三白，农民衣食足"。三白，就是三场雪。

过完小寒、大寒，也就意味着我们的二十四节气之旅画上一个圆满的句号了。

是啊，草木发芽、开花，这是春回大地最显著的信号。所以，聪明的古人同样用日、草、木来表示春天，意思再明显不过了。但是，还有一个"屯"字怎么解释呢？

"屯"的古文字形体 ↯ 像什么呢？其实，那一横代表地面，地面之下是根，地面之上是种子刚刚冒出来的细芽。所以，甲骨文的"春"合起来就像是在太阳的照耀下，嫩芽屯聚力量，钻出地面，慢慢长成小草或小树。所以，"春"字过去还写作"萅"，"艸"就代表草木，"屯"代表嫩芽，"日"就是太阳。不过，后来在书写的过程中，慢慢地，上面的"艸"和"屯"就黏合到一起，变成春字头"夫"。

现代有些人不知道春字头的来源，就把"春"说成是三个人在一起晒太阳，表示春天来了。这种解字方法不科学，它虽然能帮我们暂时记住"春"的写法，但也会留下很多问题。比如，"冬"字为

什么不这么造字呢?冬天不是更需要晒太阳吗?另外,汉字中还有一些春字头的字,又该怎么解释呢?比如"秦"难道就是三个人拿着禾苗吗?"泰"是三个人在水里游泳吗?显然都不是。

从"春"的字形中,可以看到,无论是古人还是现代人,对春天都有相同的认知:天气渐渐变暖,地上的草木开始发芽开花,大地充满了生机。因此春天代表了希望与温暖,所以在汉语中,"春"字也常常象征美好与希望,如"一年之计在于春",春天是一年中最宝贵的时间,只有在春天做好了计划,才会有希望。又如"青春",这是人生中最美好的年轻时期,充满了生机,用绿色与春天来代表,同样说明春天给人带来希望。

春天到来的同时,也带来了丰富的食物,各种野菜、蔬菜,举不胜举。因此,过去立春时有一项非常重要的活动——咬春。春是咬不动的,咬的是春天的美味,也就是享用春盘。什么是春盘呢?盘